BEI GRIN MACHT SICH IHR WISSEN BEZAHLT

- Wir veröffentlichen Ihre Hausarbeit, Bachelor- und Masterarbeit

- Ihr eigenes eBook und Buch - weltweit in allen wichtigen Shops

- Verdienen Sie an jedem Verkauf

Jetzt bei www.GRIN.com hochladen und kostenlos publizieren

Fleisch aus dem Labor. Eine Alternative zu herkömmlichem Fleisch?

Mascha Ulbricht

Bibliografische Information der Deutschen Nationalbibliothek:

Die Deutsche Nationalbibliothek verzeichnet diese Publikation in der Deutschen Nationalbibliografie; detaillierte bibliografische Daten sind im Internet über http://dnb.d-nb.de abrufbar.

ISBN: 9783346639752
Dieses Buch ist auch als E-Book erhältlich.

Druck und Bindung: Books on Demand GmbH, Norderstedt Germany
Gedruckt auf säurefreiem Papier aus verantwortungsvollen Quellen

Das vorliegende Werk wurde sorgfältig erarbeitet. Dennoch übernehmen Autoren und Verlag für die Richtigkeit von Angaben, Hinweisen, Links und Ratschlägen sowie eventuelle Druckfehler keine Haftung.

Das Buch bei GRIN: https://www.grin.com/document/1194227

Inhaltsverzeichnis

1 Einleitung

Im Jahr 2019 wurden alleine in Deutschland mehr als 760 Millionen Tiere geschlachtet, global sind es jährlich etwa 80 Milliarden Tiere.

Weltweit steigt die Nachfrage nach Fleischprodukten weiterhin an und das trotz teils schlechter Haltungsbedingungen der Tiere durch Massentierhaltung, riesigen Lebensmittelskandalen und teilweise desaströser Arbeitsbedingungen für Menschen, die in der fleischverarbeitenden Industrie tätig sind.

Während die Nachfrage nach Fleisch immer weiter steigt, steigt allerdings auch der Anteil an Vegetarier:innen und Veganer:innen in Deutschland und damit auch die Nachfrage nach Fleischersatzprodukten.

Doch nun stehen nicht mehr nur Fleischersatzprodukte auf pflanzlicher Basis im Fokus der Öffentlichkeit, denn auch die Herstellung zellbasierter Fleischprodukte aus dem Labor schreitet immer weiter voran.

Das sogenannte In-Vitro-Fleisch (lat. Fleisch aus dem Glas) bringt viel Hoffnung auf eine Welt, in der Tiere nicht mehr in solchen Ausmaßen unter Menschen leiden müssen, da die Herstellung keiner Massentierhaltung bedarf und insgesamt umweltfreundlicher ist.

Gängige Bezeichnungen für das Fleisch aus dem Labor sind zum Beispiel „In-Vitro-Fleisch", „Cultured Meat" oder auch „Clean Meat", bisher gibt es noch keine Festlegung für den Namen. In der folgenden Arbeit werde ich den Begriff „In-Vitro-Fleisch" verwenden.

Es wirkt fast zu perfekt um wahr zu sein, ist es uns wirklich möglich durch In-Vitro-Fleisch die Massentierhaltung in ferner Zukunft abzuschaffen und die damit einhergehenden Umweltbelastungen einzudämmen?

Aufgrund des steigenden Interesses für Fleischersatzprodukte in unserer Gesellschaft, halte ich die Auseinandersetzung mit diesen Produkten für sinnvoll.

Mein Ziel ist es herauszufinden was genau hinter diesem Fleisch aus dem Labor steckt. Wie wird es hergestellt, welche Vor- und Nachteile hat es für die Umwelt, aber auch für uns Menschen und wie schneidet es im Vergleich zur herkömmlichen Fleischproduktion ab, würde ich, als Vegetarierin, es sogar essen?

Zu Beginn wird die Idee und die Vision hinter dem In-Vitro-Fleisch erläutert, wobei ich auch auf die Gründer:innen dieser Idee und die Forschenden, die daran arbeiten, eingehen werde. Im Anschluss folgt eine Erklärung der Herstellung und des Herstellungsprozesses, dessen Ressourcenverbrauch und Kosten ich mir genau anschauen möchte, um, anhand verschiedener Faktoren, zum Schluss einen Vergleich zur herkömmlichen

Fleischproduktion herstellen zu können. Wenn nicht explizit anders erwähnt, dann handelt es sich bei In-Vitro-Fleisch immer um Rindfleisch. Es wird fast ausschließlich über diese Art des Fleisches gesprochen, da es auf die Umwelt und das Klima derzeit die größten Auswirkungen hat.

2 Geschichte und Vision

In erster Linie sieht die Vision des In-Vitro-Fleisches eine Welt ohne Schlachtfleisch vor,
eine Welt in der das Töten von Tieren und die Massentierhaltung keinen Platz mehr findet
und doch keine vollständige Abkehr vom Fleischkonsum erfordert. Mit dieser Innovation
solle es möglich sein, die immer weiter wachsende Weltbevölkerung mit Fleisch zu
versorgen, ohne jedoch die Umwelt unter immer stärkere Belastungen zu setzen und Tiere
dafür leiden zu lassen, sei es in der Haltung oder der Schlachtung.[1]

Das erste Patent zur Herstellung von In-Vitro-Fleisch erhielt im Jahre 1999 der niederländische Forscher Willem van Eelen. Er galt als Vater des In-Vitro-Fleisch-Ansatzes, er war selbst Gegner der Tierhaltung und schaffte es dennoch nicht sich vegetarisch zu ernähren. Er hatte also ein persönliches Interesse daran einen Weg aus diesem Dilemma zu finden. Van Eelen hatte in seinem Leben diesen einen Augenblick, in dem sich alles für ihn veränderte. Dieser Augenblick war 1948 an der medizinischen Fakultät der Vrije Universität Amsterdam, als er zum ersten Mal ein Gewebe sah, welches am Leben erhalten wurde. Später beschrieb Van Eelen diesen Moment als die

Anmerkung der Redaktion: Diese Abbildung wurde aus urheberrechtlichen Gründen entfernt.

Abbildung 1: Willem van Eelen

Geburtsstunde der In-Vitro-Fleisch-Idee, doch erst 1975, durch den plötzlichen Tod seiner
Frau, beschäftigte er sich wieder mit dieser Idee und deren Umsetzung. Die ersten
Menschen, die seine Idee teilten und unterstützten waren die heutige Professorin Carlijn
Bouten und der heutige Mitgründer von Mosa Meat[1] Peter Verstrate.
Es kostete Van Eelen viel Überzeugungsarbeit Investor:innen für sich zu gewinnen,
nachdem ihm 1999 allerdings sein Patent erteilt wurde, investierte selbst die
niederländische Regierung in diese Innovation.
Willem van Eelen begann später die Zusammenarbeit mit Mark Post, ebenfalls Mitgründer
des Unternehmens Mosa Meat,welcher heute als der Pionier der Szene bekannt ist. In

---

1 Niederländisches Unternehmen im Bereich In-Vitro-Fleisch

London präsentierte Post 2013 den weltweit ersten In-Vitro-Burger, welcher zu diesem Zeitpunkt noch etwa 300 000 Dollar kostete (bis 2018 wurden die Kosten allerdings schon auf 600 Dollar reduziert). Das riesige Medienecho, welches auf die Verkostung des Burgers folgte, sorgte erstmals dafür, dass die Idee des In-Vitro-Fleisches weltweit in aller Munde war.

In den letzten 10 Jahren sind zahlreiche Unternehmen gegründet worden, welche an der Herstellung des künstlichen Fleisches arbeiten. Ira van Eelen[2] erklärt im Interview es sei heute keine Open-Source-Industrie mehr. Dies verlangsame die Entwicklung, da Unternehmen, im Gegensatz zu Forschenden an der Universität, nicht mehr miteinander sprächen (Vgl. Nadine Filko, 2019). [1]

Anmerkung der Redaktion: Diese Abbildung wurde aus urheberrechtlichen Gründen entfernt.

Abbildung 2: Mark Post präsentierte den ersten In-Vitro-Burger

---

2   Tochter von Willem van Eelen

3 Herstellung

Vorab möchte ich drei Begriffe erklären, um ein besseres Verständnis des Herstellungsprozesses zu ermöglichen.

Da der Herstellungsprozess auf der Stammzelltechnologie basiert benötigt es eine Erklärung des Begriffs **„Stammzellen"**. Diese sind Zellen, welche gar nicht oder nur gering spezialisiert sind und sich daher zu jedem Zelltyp entwickeln können. Des weiteren sind Stammzellen in der Lage sich unbegrenzt zu teilen. Durch die unbegrenzte Teilung dieser Zellen soll es in Zukunft möglich sein, mit Entnahme weniger Zellen, mehrere Tonnen Fleisch herzustellen.[2]

Die Technik der Stammzelltechnologie wurde ursprünglich für die Herstellung künstlicher Organe entwickelt, die Vision dabei ist es, Organtransplantationen in Zukunft überflüssig zu machen.

Auch bedarf es der Erklärung des Begriffes **„Bioreaktor"** (auch als Fermenter bekannt). Ein Bioreaktor ist ein Behälter, welcher zur Kultivierung von Mikroorganismen und Zellen

Anmerkung der Redaktion: Diese Abbildung wurde aus urheberrechtlichen Gründen entfernt.

Abbildung 3: Stammzellen

dient. In Bioreaktoren sind wichtige Faktoren steuerbar, daher kann die Zellkultivierung meist unter optimalen Bedingungen stattfinden. Sowohl die Temperatur und der pH-Wert, als auch die Zusammensetzung des Nährmediums und die Sauerstoffzufuhr sind im Bioreaktor kontrollierbar. Bioreaktoren gibt es in unterschiedlichsten Ausführungen, je nachdem für welchen Zweck er verwendet wird.[3] Für die Herstellung der tierischen Zellkultur werden meist Rührkesselreaktoren verwendet, diese ermöglichen durch mechanisches Rühren das Wachstum von Zellen.[4]

Zudem erkläre ich den Begriff **„extrazelluläre Matrix"** (EZM), diese beschreibt alle körpereigenen Substanzen, welche im Interzellularraum liegen, also zwischen den Zellen. Die EZM ist wichtig für die Formgebung und Festigkeit von Geweben und auch für die Formgebung von Organen. Des weiteren werden durch die EZM die Organe an ihrer

Position im Körper gehalten.[5]

3.1 Herstellungsprozess

Für die Herstellung des In-Vitro-Fleisches werden Stammzellen des Muskelgewebes
benötigt, dabei muss dem Tier eine Muskelprobe entnommen werden. Dies wird mittels
einer Spritze durchgeführt, wobei eine örtliche Betäubung ausreicht und kein Tier bei
diesem Vorgang sterben muss. In einer Zellkultur werden die Stammzellen nun von
anderen Zelltypen isoliert. Um dann die Teilung der Zellen zu ermöglichen benötigen die
Zellen Nährstoffe. Dafür wird ein Zellkulturmedium angelegt, welches als Nährstofflieferant
für die Zellen dient.[6] Ein Teil dieser Nährlösung besteht aus Kälberserum, das aus Föten
gewonnen wird. Eine umstrittene Methode, denn dafür wird eine trächtige Mutterkuh
getötet und geschlachtet. Das ungeborene Kalb wird aus der Gebärmutter entnommen
und ohne Betäubung wird mit einer Spritze das Blut aus dem Herzen gewonnen. Aus
tierethischer Sicht ein problematisches Vorgehen, da auch die Föten wahrscheinlich schon
Schmerz empfinden können. Das entnommene Blut wird behandelt, am Ende des
Prozesses bleibt das Kälberserum übrig, welches für die Zellzucht verwendet wird, da es
besonders wachstumsfördernd wirkt.

Anmerkung der Redaktion: Diese Abbildung wurde aus urheberrechtlichen Gründen entfernt.

Abbildung 4: Herstellungsprozess

Der Vorgang der Zellkultivierung findet in einem Bioreaktor statt, da herkömmliche
Zellkulturschalen oder Flaschen nicht für die Menge an benötigten Zellen ausreichen.
Des weiteren können darin konstante Bedingungen geschaffen werden, denn die

Temperatur und der pH-Wert spielen während des kompletten Prozesses eine wichtige Rolle.

Doch spielt für die Zelldifferenzierung nicht nur das Zellkulturmedium eine entscheidende Rolle, sondern ebenso die extrazelluläre Matrix. Es ist wichtig diese ebenfalls nachzuahmen, um die Bildung des Muskelgewebes zu ermöglichen. Vor allem bei der Herstellung von strukturierten Fleischprodukten ist dies von großer Bedeutung. Die extrazelluläre Matrix wird durch ein Gerüst ersetzt, auf welchem die Zellen wachsen.[7][8] Aleph Farms[3] schaffte 2020 einen Durchbruch und setzte Sojaprotein als Gerüst ein, dies überzeugt durch viele Vorteile. Sojaprotein ist wirtschaftlich sehr effizient, da es bei der Herstellung von Sojaöl nur ein Nebenprodukt ist, welches reich an Protein ist und durch seine Struktur das Zell- und Gewebewachstum fördert. Des weiteren ist es essbar und muss nach der Fertigstellung des In-Vitro-Fleisches nicht aufwendig entfernt werden.[9]

3.2 *Produktionskosten*

„Das neue Fleisch wird nur eine Chance haben, wenn es den Preiskampf gegen das Billigfleisch aus den Schlachthäusern auf sich nehmen kann." (Hendrik Hassel, 2019, S.118)

Für ein Kilo Fleisch werden derzeit etwa 50 Liter des Nährmediums benötigt, momentan belaufen sich die Kosten eines Liters allerdings noch etwa auf 300 Euro. Dieser Preis hängt vor allem mit dem Wachstumsfaktor FGF-2 (Fibroblasten-Wachstumsfaktoren) zusammen, welcher für die Herstellung benötigt wird, dieser macht 96% des Gesamtpreises aus. Fibroblasten-Wachstumsfaktoren gehören zu den Signalproteinen und spielen als Regulatoren der Zelldifferenzierung und des Zellwachstums eine wichtige Rolle in der Produktion. Für einen Liter Nährmedium werden 0,002 Milligramm benötigt, die Kosten für ein Gramm betragen um die 2 Millionen Euro.

Derzeit belaufen sich die Kosten für ein Kilo Rindfleisch aus dem Labor also noch auf ungefähr 15.000 Euro. Um einen realistischen und markttauglichen Preis zu erreichen, benötigt es eine immense Preisreduzierung des Nährmediums. Der Literpreis der Nährlösung soll zukünftig von 300 Euro auf 10-20 Cent reduziert werden.

Mark Post rechne damit, dass der Preis runtergehe, sobald das Fleisch auf den Markt komme, aber auch für ihn sei es schwer eine Einschätzung abzugeben (Vgl. Hendrik Hassel, 2019).

Es wird davon ausgegangen, dass In-Vitro-Fleisch zu Beginn als Exklusivfleisch zu sehr

---

3   Israelisches Lebensmitteltechnologieunternehmen

hohen Preisen verkauft werden wird, da noch nicht ausreichende Mengen hergestellt werden können, um Supermärkte im großen Stil zu beliefern. So wird das Laborfleisch zu Beginn eher in Restaurants zu hohen Preisen angeboten. Doch soll es mit der Zeit vergleichbar mit dem Preisniveau der Massentierhaltung sein. Nur wenn das In-Vitro-Fleisch preislich vergleichbar wäre oder im besten Fall noch darunter läge, könnte es sich zu einer wirklichen Alternative entwickeln.[10]

3.3 Markttauglichkeit

Markttauglich ist In-Vitro-Fleisch aktuell noch nicht, zum einen wegen der hohen Produktionskosten und zum anderen wegen der Produktionsmenge. Es fehlt immer noch an passenden Bioreaktoren, da noch niemand weiß in welcher Größe sie benötigt werden und welche Mengen darin dann hergestellt werden können. Bis dafür Lösungen gefunden sind und die Herausforderungen bewältigt werden können, gibt es für die Forschenden noch einiges zu tun.

Um mir selbst ein Bild der Meinung von Verbraucher:innen zu machen, habe ich eine kleine Umfrage auf dem Social Media Portal Instagram durchgeführt. Das Klientel, welches ich damit erreicht habe, besteht vorrangig aus Menschen, die sich mit ihrer Ernährung beschäftigen und vorallem vegan oder vegetarisch leben. Es stellt keine tatsächlich repräsentative Umfrage dar, eher ist es ein Stimmungsbild weniger Verbraucher:innen. Ganz klar ist, die Menschen sind noch skeptisch. Diese Skepsis lässt sich auf die noch fehlenden Informationen, aber auch auf das aktuelle Verfahren der Herstellung zurückführen. Bei der Frage, ob In-Vitro-Fleisch eine gute Alternative zur herkömmlichen Fleischproduktion wäre, sagten 41 von 64 Menschen „Ja", das macht immerhin 64% aus. Vorrangig wird sich dabei auf den Schutz der Umwelt, den Klimawandel und den Schutz der Tiere bezogen. Doch aufgrund des aktuellen Herstellungsverfahrens gibt es Bedenken, „Abartig diese Herstellung" schreibt ein User, während eine Andere erklärt „Solange immer noch ein Tier leiden muss, ist es für mich leider keine Alternative". Auf Antworten dieser Art stoße ich öfter und daran lässt sich erkennen, dass die Menschen durchaus ein Interesse an dieser Thematik und der Produktion von In-vitro-Fleisch haben. Die Herstellung und das Töten des Fötus, stellt für einige allerdings etwas inakzeptables dar. Aktuell müssen noch zwei Tiere sterben, um In-Vitro-Fleisch zu erzeugen, sowohl die trächtige Mutterkuh, als auch der ungeborene Fötus. Für einige ist es deswegen keine Alternative, das wird es erst, wenn gar kein Tier dafür mehr leiden muss.

Dieser Unterschied lässt sich in der Umfrage klar erkennen, die Frage, ob vegan oder vegetarisch lebende Menschen dieses Fleisch probieren würden, stellte ich zweimal. Einmal mit Blick auf die aktuellen Prozess mit Tötung und einmal bezogen auf eine mögliche zukünftige Herstellung ohne Tötung. Bei ersterem sagten 88% der Befragten „Nein", bei zweiterem nur noch 31%.[4]

---

4   Nachweise der Umfrage im Anlagenverzeichnis

4 Vergleich zur herkömmlichen Fleischproduktion

4.1 Landnutzung

Die Landnutzung ist einer der wichtigsten Punkte in diesem Vergleich, da sowohl für die
Haltung der Tiere, aber vor allem auch für den Anbau des Futters eine enorme Fläche
benötigt wird. Weltweit werden etwa 33% der Anbaugebiete nur für die Produktion von
Viehfutter genutzt[11] und somit nimmt die Produktion und der Anbau wesentlich mehr
Terrain ein als die Haltung der Tiere an sich. Anhand der folgenden Tabelle (siehe
Abbildung 5) des WWF wird der jährliche Flächenbedarf einer Person in Deutschland
berechnet und dargestellt, dabei ist sowohl die Anbaufläche für die Tiernahrung,

*Anmerkung der Redaktion: Diese Abbildung wurde aus urheberrechtlichen Gründen
entfernt.*

*Abbildung 5: Jährlicher Flächenbedarf einer Person in Deutschland durch den Konsum
von Fleisch*

als auch die Fläche der Unterkunft des Tieres mit einbezogen. Im Jahr benötigt eine
Fleischessende Person hierzulande eine Fläche von 1030m². In Deutschland leben etwa
83 Millionen Menschen[5], davon ernähren sich circa 9 Millionen fleischlos. Wenn nun von
einer Gesamtsumme von 74 Millionen Menschen in Deutschland ausgegangen wird, die
regelmäßig Fleisch konsumieren, kann man von einer Fläche von etwa 8 Mio. Hektar
ausgehen, die nur für den Fleischkonsum Deutschlands benötigt wird.

Dahingegen benötigt ein Labor, welches In-Vitro-Fleisch herstellt nur etwa eine Größe von
240m², auch das erscheint groß, ist vergleichsweise jedoch gering. In einem Labor kann
auf gleichgroßer Fläche wesentlich mehr produziert werden, als in der herkömmlichen
Fleischproduktion.Theoretisch ist es in Zukunft möglich aus einer Kuh, also aus einer
Stammzellenentnahme 20.000 Tonnen Fleisch zu produzieren, diese Anzahl entspricht
etwa der Fleischmenge von 400.000 Kühen.

400.000 Kühe, welche in der Landwirtschaft gehalten werden, entsprechen ungefähr einer
Landfläche von 120 Hektar, geht man von einer Standardfläche im Mastbetrieb von 3m²
pro Kuh aus. Dies ergibt also eine etwa 5000mal größeren Fläche, als die eines einzigen
Labores.[12]

---

5   Statistisches Bundesamt Stand 04.Januar 2021

4.2 Treibhausgas-Emissionen und Energieverbrauch

„Treibhausgase und der damit verbundene Treibhauseffekt sind Hauptverursacher der globalen Erwärmung und eine große Bedrohung für Mensch, Tier und Umwelt" (Peta, 2018)

Die Massentierhaltung ist erheblich am Ausstoß von Treibhausgasen beteiligt. Im Pansen von Wiederkäuern befinden sich Mikroorganismen, welche bei der Verdauung das Treibhausgas Methan produzieren. Täglich werden von einer einzigen Kuh etwa 200-300 Liter Methan ausgeschieden. In Deutschland sind 63% des gesamten Methanausstoßes auf die Landwirtschaft zurückzuführen. Dabei ist Methan 25mal schädlicher als Kohlendioxid. Sowohl Methan, als auch Lachgas entstehen bei der Zersetzung des Mistes von Nutztieren, somit sind etwa 87% der gesamten Lachgas- und Methanemissionen auf die Rinderhaltung zurückzuführen.

Mark Post rechnet damit, dass in Zukunft 200 Rinder ausreichen würden, um die selbe Menge Fleisch herzustellen, wie heute von 1,5 Milliarden Rindern.[10] Ob es tatsächlich eine derart starke Verminderung der Rinderhaltung geben würde, lässt sich heute noch nicht absehen. Klar ist allerdings, dass In-Vitro-Fleisch die Rinderhaltung stark verringern kann und somit auch den Ausstoß der Treibhausgase. Mit der Reduzierung der Tierhaltung könnten 74% - 87% der Emissionen im Vergleich zur herkömmlichen Rinderhaltung gespart werden.[13]

Bei Betrachtung des Energieverbrauches schneidet In-Vitro-Fleisch allerdings nicht besonders gut ab, denn die Produktion in den Bioreaktoren benötigt große Mengen an Strom. Solange der benötigte Strom nicht vorwiegend aus erneuerbaren Quellen gewonnen wird, führt dies zu höheren Co^2-Emissionen, als in der herkömmlichen Rinderhaltung. Durch die Rinderhaltung gelangt zwar wesentlich mehr Methan in die Atmosphäre, welches kurzfristig zwar klimaschädlicher ist als Kohlendioxid, aber sich nach zwölf Jahren komplett abbaut. Kohlendioxid hingegen sammelt sich Jahrtausende in der Luft und ist somit auf Dauer klimaschädlicher als Methan.[1]

4.3 Wasserverbrauch

Der Wasserverbrauch in der Rindfleischproduktion ist enorm. Laut der Albert-Schweitzer-Stiftung werden circa 15.400 Liter Wasser pro Kilogramm Rindfleisch benötigt. Die ist die Menge, welche über den gesamten Herstellungsprozess benötigt wird. Als Nahrungsmittel enthält ein Kilogramm Rindfleisch nur 700 Gramm Wasser.[14]

Der hohe Wasserverbrauch in der Herstellung liegt weniger an dem Durst der Tiere, sondern vielmehr am Futteranbau, denn hier wird das meiste Wasser benötigt.

Auch In-Vitro-Fleisch hat keinen geringen Wasserverbrauch, er liegt höher als in der Geflügelhaltung, aber dennoch weit unter dem Verbrauch der Rinderhaltung. Es wird prognostiziert, dass ab 2030 der Wasserverbrauch durch In-vitro-Fleisch um 96% gesenkt werden könnte.

4.4 Verwendung Antibiotika

Die Herstellung von industriellem Billigfleisch schließt immer die Haltung zu vieler Tiere auf zu kleinem Raum ein. Diese Haltung ist nur unter Einsatz von Antibiotika möglich, da sich durch das enge aneinander stehen Keime rasant verbreiten. Mehr als 700 Tonnen Antibiotika werden jährlich von Tierärzten und Tierärztinnen in der Landwirtschaft verabreicht[6]. Das häufige Verabreichen des Antibiotikums kann das Risiko zur Bildung antibiotikaresistenter Bakterien erhöhen, welche dann von Verbraucher:innen aufgenommen werden können, falls das Stück Fleisch nicht genug erhitzt oder auch nicht hygienisch verarbeitet wurde. Gelangen diese resistenten Keime in den menschlichen Organismus, kann es zu einer eingeschränkten Wirksamkeit der wichtigen Antibiotika kommen. Zur Kontrolle von massiven Infektionen benötigen Humanmediziner:innen allerdings wirksame Antibiotika[15].

Der Herstellungsprozess von In-vitro-Fleisch hingegen findet unter völlig sterilen Bedingungen statt und macht die Verwendung von Antibiotika oder anderen Mitteln damit überflüssig. Des weiteren wäre es denkbar, dass ergänzende und vorteilhafte Komponenten zum Einsatz kommen, wie z.B Vitamin B12. Diese könnten zusätzlich hinzugefügt werden und dem Fleisch so noch wertvollere Inhaltsstoffe geben. (Arianna Ferrari, 2015)[16]

---

6   Stand September 2017, BVL

4.5 Zusammenfassung des Vergleichs

In der folgenden Grafik sind Ergebnisse zweier Studien dargestellt. Erstere ist eine Studie aus dem Jahr 2011 und die zweite eine Studie aus dem Jahr 2014. Dieses Diagramm greift die Umweltbelastungen durch die Herstellung von In-Vitro-Fleisch im Vergleich zur Produktion von Rinder,- Schweine,- Geflügel,- und Schafsfleisch auf. Hierbei sind alle

Anmerkung der Redaktion: Diese Abbildung wurde aus urheberrechtlichen Gründen entfernt.

Abbildung 6: Vergleich der Umweltbelastungen

Bereiche, welche ich vorab schon behandelt habe, abgebildet. Im direkten Vergleich stellt das In-vitro-Fleisch definitiv eine Möglichkeit dar, um den derzeitigen enormen Ressourcenverbrauch der Fleischproduktion zu vermindern. Es ist jedoch wichtig zu beachten, dass die Studie nur auf Annahmen beruht, da bis zu der Erstellung kein Verfahren existierte, welches In-Vitro-Fleisch im industriellen Maßstab herstellt.
In der ersten Studie, 2011, nahmen die Wissenschaftler:innen noch an, dass der Energieverbrauch von Laborfleisch mehr als 40% niedriger ausfällt, als bei Rindfleisch. Später wurde dies revidiert, da der Energiebedarf der Bioreaktoren besser modelliert werden konnte und sich herausstellte, dass der Bedarf weitaus höher ausfällt. In allen anderen Kategorien steht In-vitro-Fleisch allerdings sehr gut da, es liegt sowohl bei dem Ausstoß von Treibhausgasen, als auch beim Landverbrauch niedriger als bei den anderen Fleischsorten. Beim Wasserverbrauch gingen die Wissenschaftler:innen 2011 ebenfalls davon aus, dass dieser sehr niedrig ausfallen würde, doch auch hier gab es einen großen Anstieg bis 2014. Die Menge, die für den gesamten Prozess im Labor und auch für die Rinder benötigt wird, wurde 2011 noch unterschätzt. Der Wasserverbrauch von In-Vitro-

Fleisch liegt hierbei über dem der Geflügelzucht, fällt jedoch geringer aus, als die restlichen Herstellungsbereiche.

Zusammenfassend lässt sich sagen, dass In-vitro-Fleisch den Menschen die Möglichkeit für eine ressourcenschonendere und auch tierfreundlichere Fleischproduktion bietet. Basierend auf den Studien wäre es möglich beim Landverbrauch und beim Ausstoß der Treibhausgase über 80% gegenüber der Rinderhaltung einzusparen, aber auch beim Wasserverbrauch liegt die Ersparnis bei über 40%. Der Energieverbrauch liegt derzeit weit darüber, doch soll zukünftig aus erneuerbaren Quellen mehr Energie gewonnen werden und so auch der CO^2-Fußabdruck des In-vitro-Fleisches gesenkt werden.

5 Fazit

Die derzeitige Lage der Massentierhaltung kann so nicht bleiben. Sie ist zu ressourcenintensiv, zu klimaschädlich, zu grausam den Tieren gegenüber und sie schafft zu viele Gesundheitsprobleme. Das derzeitige System ist keine Lösung, die auf Dauer funktionieren kann.

Schon alleine, wenn wir den Klimawandel ernsthaft bekämpfen und den Temperaturanstieg auf weniger als zwei Grad begrenzen wollen, müssen wir uns um das Problem kümmern, dass wir zu viele Tiere züchten. Doch müssen wir uns nicht nur des Klimaschutzes wegen um das Halten zu vieler Tiere kümmern, sondern auch der Tiere wegen.

Während meiner Recherchen war ich viel mit dem Thema Tierleid konfrontiert. Wir leben in einem System, in dem wir Tiere in kleinen, engen Räumen halten und ihnen sowohl physisches als auch psychisches Leid angetan wird.

Es muss eine Lösung her, ganz dringend. Hier halte ich In-vitro-Fleisch für eine sehr gute Möglichkeit. Es ist definitiv noch nicht so weit, dass es jetzt eine gute Lösung ist, aber es hat das Potenzial dazu es zu werden. Noch ist nicht klar, ob das In-Vitro-Fleisch wirklich marktfähig wird in den nächsten Jahren, es ist noch zu neu und zu unerforscht. Es muss noch viel dafür getan werden, damit es in einer Menge und mit einer Qualität, die wir brauchen produziert werden kann.

Ein wirklicher Ersatz für das herkömmliche Fleisch wird es wohl nicht werden. Es kann die Ausmaße unserer Fleischproduktion eventuell verringern, jedoch wird die herkömmliche Herstellung wahrscheinlich immer Teil unserer Gesellschaft bleiben. Dieses System ist so fest verankert in unserem Leben, ich gehe nicht davon aus, dass es jemals abgeschafft werden könnte. Daher denke ich es ist von großer Bedeutung, dass sich immer mehr Menschen der Auswirkungen bewusst werden und selbstständig ihren Fleischkonsum einschränken. Fest steht, dass es Veränderungen in der Industrie geben muss. Es sollte zum Beispiel einfach viel weniger Fleisch produziert werden. Bei den Massen die tagtäglich weggeworfen und verschwendet werden, sollte die Verringerung der Produktion der erste Schritt sein.

Trotzdem denke ich In-vitro-Fleisch ist ein Schritt in die richtige Richtung, denn es weckt das Interesse der Verbraucher:innen und sorgt so für mehr Aufmerksamkeit für diese Thematik. Sollte es auch tatsächlich marktfähig werden, dann hoffe ich, dass damit der Massentierhaltung entgegen gewirkt wird.

6 Literaturverzeichnis

1: Nadine Filko, Clean Meat, Fleisch aus dem Labor: die Zukunft der Ernährung?, 2019

2: https://www.stammzellen.nrw.de/, 17.02.2021

3: Winfried Storhas, Bioreaktoren und periphere Einrichtungen: Ein Leitfaden für die Hochschulausbildung, für Hersteller und Anwender, 1994

4: https://www.kaifiedler.de/in-vitro-fleisch-3, 17.02.2021

5: Löffler/Petrides Biochemie und Pathobiochemie, 2014

6: Inge Böhm; Arianna Ferrari; Silvia Woll, In-Vitro-Fleisch, 2017

7: Kai Fiedler, https://www.kaifiedler.de/in-vitro-fleisch-3, 17.02.2021

8: Deutscher Bundestag, Sachstand - In-Vitro-Fleisch, 2018

9: Im Sojalabor: Rindfleischzellen zu Fleischstücken herangewachsen, 2020, https://www.rnd.de/, 20.02.2021

10: Hendrik Hassel, Neues Fleisch, 2019

11: Philip Laymbery, Futtermittel: Viel Land für viel Vieh, 2015, https://www.boell.de, 18.02.2021

12: Anonym, Ist In-vitro-Fleisch nachhaltig?, 2020

13: Deutscher Bundestag, Einzelfragen zu In-Vitro-Fleisch, 2019

14: Das steckt hinter einem Kilogramm Rindfleisch, 2017, https://albert-schweitzer-stiftung.de, 20.02.2021

15: Industrielle Tierhaltung braucht Antibiotika – und erhöht das Risiko resistenter Bakterien, https://www.bund.net, 20.02.2021

16: Arianna Ferrari, Ethik des Essens: In-vitro-Fleisch und „verbesserte Tiere", 2015

7   Abbildungsverzeichnis

BEI GRIN MACHT SICH IHR WISSEN BEZAHLT

- Wir veröffentlichen Ihre Hausarbeit,
  Bachelor- und Masterarbeit

- Ihr eigenes eBook und Buch -
  weltweit in allen wichtigen Shops

- Verdienen Sie an jedem Verkauf

Jetzt bei www.GRIN.com hochladen
und kostenlos publizieren